A joindre à collection

8S 8369

double v.

LES « PLANTES SAUTANTES » du KANSAS.

Par M. J. CARDOT.

Tout le monde a pu lire, il y a quelque temps, dans les journaux quotidiens, aux faits divers ou aux variétés, un article sur de prétendues plantes sautantes. Il s'agissait d'une plante du Kansas qui, une fois déracinée, formerait en se desséchant une espèce de grosse boule très légère et douée d'une certaine élasticité. Le vent promènerait ces boules dans les vastes plaines du Kansas, en leur faisant exécuter des bonds capricieux, ce qui leur donnerait l'apparence d'animaux vivants, emportés dans une course désordonnée ; à en croire l'article en question, des chasseurs — fort myopes sans doute — auraient pris ces boules roulantes et bondissantes pour des troupeaux de bisons et se seraient lancés à leur poursuite, tandis que d'autres, voyant une bande de ces animaux fantastiques fondre tout à coup sur eux, avec une prodigieuse rapidité, malgré la fusillade désespérée qui leur était adressée, se seraient crus arrivés à leur dernière heure !

Je savais qu'une plante de Syrie, l'*Anastatica hierocuntina*, bien connue sous le nom de « Rose de Jéricho », présente un fait ayant quelque analogie avec les prodigieux exploits de la plante sautante du Kansas. Croissant dans des déserts sablonneux, facilement arraché par le vent et formant alors, par la disposition de ses rameaux desséchés, une petite masse plus ou moins sphérique, elle peut être ainsi roulée sur de grandes distances ; mais entre l'humble

plante de Syrie, haute de quelques centimètres, et celle du Kansas, capable de former des boules d'un diamètre tel qu'on les puisse prendre pour des bisons, il y avait encore une notable différence !

Curieux de connaître ce qu'il pouvait y avoir de vrai dans cette histoire, je me suis adressé à l'un de mes confrères et amis d'Amérique, M. le professeur Ch. R. Barnes, l'un des directeurs de la *Botanical Gazette*, le priant de me fournir quelques renseignements à ce sujet. Mon aimable correspondant s'est empressé de me satisfaire et de me donner des détails précis sur cette singularité végétale; je traduis ici le passage de sa lettre s'y rapportant.

« La question que vous me posez, m'écrit-il, relative-
« ment aux « Tumble-weeds » (1) ainsi que nous les appe-
« lons, présente un curieux mélange de réalité et de fantai-
« sie. Ce n'est pas une seulement, mais bien un grand
« nombre de plantes qui se trouvent dans ce cas. Elles
« présentent toutes cette particularité, que leur mode de
« ramification est tel qu'une fois déracinées (ainsi qu'elles
« le sont souvent par le vent ou par toute autre cause) et
« desséchées, elles affectent une forme plus ou moins sphé-
« rique. Le vent qui balaye les plaines et les prairies les
« roule alors çà et là. Tant que la contrée fut déserte ou
« dépourvue de clôtures et de haies, ces plantes pou-
« vaient être entraînées partout; mais maintenant les clô-
« tures présentent des obstacles à leur course ; néanmoins
« les « Tumble-weeds » arrivent à les surmonter : le vent
« les amoncelle contre l'obstacle jusqu'à ce qu'elles en
« atteignent le sommet, formant par leur masse un plan
« incliné sur lequel les dernières venues roulent, s'élèvent
« et franchissent l'obstacle, pouvant ainsi continuer leur
« pérégrination. Peut-être est-ce là ce qui a donné lieu à
« l'opinion que ces plantes exécutent les bonds les plus
« capricieux, — bonds qui, ainsi que vous le voyez par ce

____

(1) *Tumble,* se rouler, *weeds,* mauvaises herbes ; littéralement : mauvaises herbes qui se roulent.

« que j'ai dit, sont dus entièrement au caprice du vent et
« nullement à une particularité quelconque de la plante,
« si ce n'est à sa forme générale, déterminée par le mode
« de ramification et par l'incurvation des rameaux sous
« l'action de la sécheresse. Si j'ai bonne mémoire, la soi-
« disant « Rose de Jéricho », *Anastatica hierocuntina* de
« Syrie, se comporte de même. — Je pense que nous avons
« bien 15 ou 20 espèces de l'Ouest qui méritent plus ou
« moins le titre de « plantes roulantes » (plutôt que « plan-
« tes sautantes) », notamment : *Amarantus albus, Cheno-*
« *podium species, Coryspermum hyssopifolium, Baptisia*
« *tinctoria, Psoralea tenuiflora, P. esculenta, Cyclo-*
« *loma platyphyllum, Panicum capillare,* etc. »

Voilà donc la question des plantes roulantes ou sautantes
réduite à ses véritables et modestes proportions. Il y a
assez loin, comme on le voit, de la légende à la réalité.
Cependant, si nos singuliers végétaux ne peuvent plus être
confondus avec des bisons, du moins ne doivent-ils pas
être relégués au rang de simples canards américains ! Ils
existent bel et bien, et j'ai cru devoir les signaler à l'atten-
tion de mes confrères, d'autant plus que la singularité qui
les distingue n'est pas, à mon avis, sans offrir un véritable
intérêt scientifique.

Il me semble en effet évident que cette singularité doit
concourir d'une manière très efficace à la conservation et à
la dispersion de l'espèce. On sait que beaucoup de plantes
sont pourvues de moyens particuliers de dispersion : la
plupart des Composées, par exemple, ont leurs graines sur-
montées de légères aigrettes plumeuses, et, à la maturité,
il suffit du moindre souffle pour les emporter et les disper-
ser au loin. Chez d'autres espèces, le fruit est hérissé de
pointes ou d'aiguillons recourbés, qui s'accrochent aux toi-
sons des animaux : tels sont certains Gaillets, les Bardanes,
la Benoîte, l'Aigremoine, etc. Nos plantes roulantes du
Kansas ayant, de même que l'*Anastatica* de Syrie, leurs
graines dépourvues d'aigrettes, de pointes ou de crochets,
ont dû recourir à un autre mode de dispersion : ici, c'est la
plante entière qui se met en voyage, répandant ses semen-

ces partout sur son passage, et assurant ainsi la diffusion de l'espèce.

Je dois signaler aussi à ce sujet un fait frappant d'adaptation. En effet, dans une région accidentée, la singulière faculté que possèdent les plantes roulantes, ne leur serait pas d'un grand secours pour favoriser leur dispersion, car elles seraient vite arrêtées par le premier accident de terrain. Au contraire, dans les vastes prairies américaines où elles croissent, rien ne s'oppose à leur marche, et le vent peut les promener librement dans toutes les directions. Il est probable aussi qu'elles végètent sur des sols très légers, sablonneux et peu consistants, et que leur système radiculaire est peu développé ou très superficiel, ce qui leur permet d'être arrachées facilement soit par le vent, soit par le pied des animaux. Avant que la civilisation ne soit venue leur opposer des obstacles artificiels, sous la forme de clôtures, de murs et de haies, elles devaient certainement parcourir d'énormes distances, et s'assurer ainsi une aire de dispersion fort étendue.

Quand on réfléchit qu'une vingtaine d'espèces de la région des Prairies possèdent cette singulière faculté de locomotion, tandis qu'on n'a signalé jusqu'ici aucun fait analogue dans la flore des pays montagneux ou simplement accidentés, il semble vraiment bien difficile de repousser la théorie lamarckienne de l'adaptation des facultés biologiques des plantes et des animaux aux milieux ambiants.

Pour terminer cette courte notice, j'ajouterai que, d'après des renseignements que vient de me donner M. J. Cocu, deux de nos plantes indigènes, l'*Eryngium campestre* et le *Centaurea Calcitrapa*, jouent un peu, dans les plaines de la Champagne, le rôle des plantes roulantes du Kansas : coupées par la main de l'homme ou arrachées par le piétinement des troupeaux, elles sont souvent emportées par le vent sur de grandes distances. On raconte même l'histoire d'un brave champenois qui tira un jour des coups de fusil sur ce gibier d'un nouveau genre ; c'est tout à fait le pendant de la légende des chasseurs de bisons !

NOTICE

sur la flore des environs de Damvillers

Par M. J. PILLOT.

Le canton de Damvillers n'a été jusqu'ici que fort peu exploré au point de vue botanique : le fait s'explique facilement par le manque de chemins de fer, et l'insuffisance des autres moyens de transport, circonstances peu propres à attirer les amateurs de plantes.

Les quelques excursions que j'ai faites depuis plusieurs années, principalement pendant les mois d'août et de septembre, n'ont pu me donner que des renseignements fort incomplets sur la flore du pays ; elles m'ont prouvé cependant que les environs de Damvillers, sans être aussi riches que certaines régions avoisinantes, le canton de Montmédy par exemple, peuvent néanmoins offrir au botaniste un certain nombre de plantes intéressantes, quelques-unes même fort rares, et n'ayant pas encore été rencontrées dans les autres parties de l'arrondissement.

Le sol s'y présente d'ailleurs avec des caractères assez variés pour que la flore elle-même change suivant les régions explorées. C'est ainsi que sur la rive gauche de la Tinte, principalement entre Damvillers et Chaumont, le terrain très humide grâce aux nombreux ruisseaux qui l'arrosent, prend un caractère tourbeux des plus marqués : *Parnassia palustris* L., *Eriophorum angustifolium* Roth, de nombreux *Carex* y abondent. Le Trèfle d'eau garnit les bords de tous les ruisseaux, et *Triglochin palustre* n'y est pas rare. En cherchant bien, on y découvrirait même *Spergula nodosa* Fenzl.

Les friches et pelouses qui occupent le sommet des côtes de Horgne et de Morimont, ainsi que les forêts qui couronnent la chaîne de hauteurs séparant la vallée de la Meuse de celle de la Tinte, offrent la végétation de tous les côteaux calcaires de la région. On y trouve entre autres : *Anemone sylvestris* et *A. ranunculoïdes* L., *Dentaria pinnata* L., *Aster amellus* L., *Serratula tinctoria* L., *Gentiana germanica* Wild. et *G. ciliata* L., *Lithospermum officinale* L. et *L. purpureo cœrulæum* L., etc.

Une station d'*Euphrasia lutea* L, la seconde, si je ne me trompe de notre arrondissement, s'observe au-dessus d'Ecurey ; enfin, *Pteris aquilina* L., bien que caractérisant les terrains siliceux, s'y trouve abondamment en certains endroits.

Dans les parties E. et N E. du canton, nous rencontrons une région en grande partie boisée, se rattachant à la forêt de Mangiennes, et qu'on désigne sous le nom de *Bois bas*. La flore de ces bois bas est surtout intéressante à étudier dans une bande de terrain parallèle à la vallée de la Loison, et qui, entre Damvillers et les villages de Merles et Dombras, est constituée par une argile jaunâtre, quelquefois colorée en rouge par l'oxyde de fer, mais toujours mélangée de sable dans une certaine proportion. La végétation se ressent de ce changement de composition du sol, et parmi les plantes caractéristiques qui la constituent, il en existe un certain nombre appartenant aux terrains sablonneux : *Calluna vulgaris* Salisb. abonde dans le bois de Merles, et quelques-uns des végétaux cités par M. Cardot, (*Mémoires*, t. I, p. 21) comme spéciaux aux sables de Breux, s'y retrouvent, soit dans les bois, soit dans les champs avoisinants : *Spergula arvensis* L., *Geum rivale* L., *Filago gallica* L., *Filago minima* Fr., *Holcus mollis* L., *Danthonia decumbens* D C. Nous y ajouterons encore *Circæa lutetiana* L., *Luzula albida* D C., *Antirrhinum orontium* L., *Mayanthemum bifolium* D C., etc.

Un îlot du même terrain existe au pied de la côte de Lissey, dans la plaine, et avec lui reparaît *Calluna vulgaris*, accompagnée de *Stellaria uliginosa*, *Lythrum hyssopifolium*, *Pulicaria vulgaris*, etc.

Ajoutons que, à quelque distance de Damvillers, se trouvent les étangs de Romagne, de Ractel, du Haut-Fourneau, nourrissant une flore tout à fait spéciale ; on y rencontre entre autres : *Bidens cernua*, *Rumex maritimus*, *Ranunculus lingua*, etc.

Nous allons du reste, pour compléter ces indications, donner une liste des plantes les plus intéressantes que nous avons pu récolter dans les environs de Damvillers, en commençant par un certain nombre d'espèces qui ne figurent pas sur la « Liste des plantes vasculaires observées dans l'arrondissement de Montmédy. »

Ranunculus lingua L. Assez abondant sur les bords de l'étang de Romagne-sous-les-Côtes.

Silene gallica L. Moissons à Damvillers, Lissey, etc.

Inula helenium L. Cette composée a été indiquée en 1835 par Doisy, dans la *Flore de la Meuse*, comme se rencontrant sur la côte de Horgne, près de Damvillers. Cette indication devait être inexacte, du moins quant à la station, car actuellement on ne trouve la plante que dans un petit taillis au milieu des prés, en face le col qui sépare la côte de Horgne de la côte des Vignes, et un peu plus loin sur la lisière du bois de Mureau. Cette erreur explique l'insuccès des recherches faites par M. Pierrot vers 1865 sur les deux côtes précédemment nommées.

Serratula tinctoria L. Dans un chemin longeant le bois au-dessus d'Ecurey.

Lithospermum purpureo-cœruleum L. Bois de Réville. Cette plante est commune dans les bois du sud de la Meuse, où on l'emploie en guise de thé, concurremment avec *L. officinale*.

Mentha pulegium L. Bord d'un fossé dans les champs à quelque distance de la ferme de la Bergerie (Lissey).

Narcissus pseudo-narcissus L. Deux pieds seulement: l'un près de la route de Damvillers à Montmédy, et qui provenait probablement des jardins de Peuvillers ; l'autre sur la lisière du bois de Grand-Failly, entre Merles et Dombras.

Lemna gibba L. Dans l'ancien fossé des fortifications de Damvillers.

Nous ajouterons à cette liste un second Silène *(S. conica ?)* trouvé dans une coupe du bois de Lissey, mais qui n'a pu être déterminé avec précision, par suite du mauvais état de l'échantillon.

Nous signalerons également, comme plante nouvelle pour l'arrondissement, *Carex canescens* L., rencontré dans le bois de Nouillonpont.

Voici maintenant quelques autres plantes, qui ont déjà été trouvées dans d'autres régions de l'arrondissement :

Anemone sylvestris L. Côte de Horgne et côte de Morimont, dans les taillis, et sous les buissons de genévrier.

Anemone ranunculoïdes L. Bois de Réville.

Ranunculus auricomus L. Bois de Mureau dans les endroits humides.

Hepatica triloba Vill. Bois d'Ecurey et de Bréhéville ; de Ville-devant-Chaumont, etc.

Aquilegia vulgaris L. Bois de Wavrille ; taillis sur la côte de Morimont.

Alliaria officinalis D C. Fossés et haies, le long du chemin de Romagne à Damvillers.

Dentaria pinnata Lam. Pentes boisées au-dessus d'Ecurey, Bréhéville.

Senebiera coronopus Poir. Décombres à Damvillers, Gibercy, etc.

Parnassia palustris. Prés sur la rive gauche de la Tinte, depuis Damvillers jusqu'à Ville. Se retrouve également vers Peuvillers. Très abondante.

Pyrola rotundifolia L. Bois entre Ecurey et Reville.

Monotropa hypopytis L. Bord du bois au-dessus d'Ecurey.

Sagina nodosa Fenzl. Prés entre Damvillers et Gibercy.

Spergula arvensis L. Champs entre Dombras et le bois de Damvillers.

Stellaria glauca. Lieux humides au bord des bois de Dombras et de Damvillers. Noues dans la prairie de Damvillers.

Stellaria uliginosa Murr. Fossé le long du bois de Lissey.

Gypsophila muralis L. Coupes dans le bois de Damvillers et champs avoisinants, où elle est surtout abondante.

Linum tenuifolium L. Pelouses sèches à Ville-devant-Chaumont, Réville, etc. Côte de Horgne à Damvillers.

Malva alcea L. Bois au-dessus de Lissey ; Côte des Vignes à Damvillers.

Malva moschata L. Dans un champ de trèfle près de la ferme de Solférino (Reville).

Althea hirsuta L. Friches et champs arides au pied de la côte de Morimont.

Hypericum pulchrum L. Bois de Damvillers. Rare.

Hypericum humifusum L. Bois de Damvillers dans les parties humides.

H. tetrapterum L. Bord des fossés aux environs de Damvillers.

Sarothammus scoparius Wimm. Très rare dans les environs de Damvillers. Je n'en ai encore rencontré qu'un seul pied dans les bois, et encore était-il de faibles dimensions.

Trifolium rubens L. Bois de Flabas, Ecurey, etc. Assez commun.

Trifolium elegans Savi. Champs à Damvillers.

Trifolium agrarium L. Chemin dans le bois de Mureau.

Lathyrus hirsutus L. Champs près de la ferme de Morimont.

Lathyrus sylvestris L. Chemins dans les bois d'Ecurey, Reville, etc.

Geum rivale L. Couvre entièrement certaines régions du bois de Mureau ; on en retrouve quelques touffes dans les prés sur la rive droite de la Tinte en face de Peuvillers.

Alchemilla vulgaris L. Je n'en connais que deux stations aux environs de Damvillers : l'une dans le bois de Reville, l'autre dans le bois de Damvillers. Cette dernière tend à s'étendre de plus en plus depuis quelques années.

Epilobium spicatum Lam. Régions humides des bois de Damvillers et de Dombras.

Circæa lutetiana L. Bois de Damvillers, de Lissey, etc.

Trapa natans L. Etang du Haut-Fourneau, où il a été semé depuis longtemps déjà.

Lythrum hyssopifolium L. Assez abondant dans les champs entre la ferme de la Bergerie et le bois de Lissey. Se retrouve, mais moins commun, entre Morimont et Gibercy, et dans les jeunes taillis du bois de Damvillers.

Peplis portula L. Fossés dans le bois de Mureau. Mare desséchée près de la route de Romagne à Mangiennes.

Chrysosplenium alternifolium L. Au bord du chemin qui va de Damvillers à Merles à travers le bois de Damvillers.

Pimpinella magna L. Très commun dans les haies et vergers autour de Damvillers.

Œnanthe phellandrium Lam. Mares prés de la route de Dombras. Ruisseau de Reville.

Bupleurum rotundifolium L. Moissons à Reville.

Eryngium campestre L. Manque dans les environs immédiats de Damvillers ; mais se rencontre dans la partie du canton qui touche à la vallée de la Meuse, sur le territoire de Reville par exemple.

Dipsacus pilosus L. A l'entrée de Romagne-sous-les-Côtes, dans le fossé de la route qui vient de Damvillers.

Erigeron canadensis L. Friches à Ecurey.

Aster amellus L. Des stations nombreuses de cette composée existent sur tous les côteaux calcaires des environs, dans les friches et pelouses situées au-dessous de la région boisée : Côtes de Horgne et de Morimont ; à Ville-devant-Chaumont, Wavrille, Ecurey, etc.

Senecio Fuchsii Gmel. Bois de Damvillers et de Dombras.

Senecio aquaticus L. Prairie dans la vallée de la Tinte.

Tanacetum vulgare L. Rare aux environs de Damvillers. Je n'en ai encore rencontré qu'une seule touffe près de

Peuvillers. Elle existe dans certains jardins de Damvillers, où on l'a introduite.

Bidens cernua L. Bords du ruisseau qui sort de l'Etang de Romagne.

Inula salicina L. Bois de Ville-devant-Chaumont, Ecurey, etc.

Inula britannica L. Quelques pieds seulement au bord de la Tinte en-dessous de Peuvillers.

Conyza squarrosa L. Bois d'Ecurey, dans les taillis.

Pulicaria vulgaris Gœrtn. Champs entre Peuvillers et la ferme de la Bergerie. Fossés de la route de Dombras.

Filago gallica L. Champs entre Dombras et le bois de Damvillers.

Centaurea calcitrapa L. Rare. Quelques échantillons seulement sur les chemins autour de Damvillers.

Lactuca perennis L. Côte de Horgne.

Campanula persicifolia L. Taillis au-dessus de Lissey.

Calluna vulgaris. Salisb. Bois de Merles. Quelques touffes à la lisière du bois de Lissey.

Utricularia vulgaris. Fosses d'où l'on a extrait l'argile, près de La Bergerie.

Gentiana cruciata. Trouvée par M. Watrin, à Ville-devant-Chaumont.

Gentiana ciliata L. Commune sur les côteaux environnant Damvillers, ainsi que *G. germanica* Willd.

Erythræa pulchella Fr. Champs argileux à Damvillers, et près de l'étang de Romagne. Une forme naine de cette espèce est abondante dans les environs de Damvillers.

Menyanthes trifoliata L. Ruisseaux arrosant les prés entre Gibercy et Damvillers.

Lithospermum officinale L. Taillis des bois de Reville, Ecurey, etc.

Atropa belladona L. Bois d'Ecurey.

Datura stramonium. Décombres autour de Damvillers.

Verbascum thapsus L. Cultures et chemins autour de Damvillers. Taillis au-dessus de Lissey.

Verbascum thapsiforme Schrad. Décombres près de Damvillers.

Limosella aquatica L. Mare desséchée près de la route de Romagne à Mangiennes,

Digitalis lutea. Bois de Reville, Ecurey, Lissey, etc.

Antirrhinum orontium. Champs au bord de la route de Dombras à Damvillers.

Euphrasia lutea L. Pelouse au-dessus d'Ecurey.

Pedicularis palustris L. Prés à Damvillers et aux environs de la ferme du Bois-les-Moines.

Orobanche Teucrii Hol. Champ de luzerne au-dessus de Wavrille.

Melittis melissophyllum L. Bois d'Ecurey, Bréhéville, etc.

Scutellaria galericulata L. Bords de la Tinte à Damvillers.

Teucrium montanum L. Côtes de Horgne, de Morimont, etc.

Globularia vulgaris L. Friches au-dessus de Wavrille.

Rumex maritimus L. Bords du ruisseau qui sort de l'étang de Romagne.

Stellera passerina L. Champs calcaires peu fertiles à Damvillers, Ville, etc.

Thesium humifusum D C. Côtes de Horgne et de Morimont.

Hippuris vulgaris L. Noues au bord au chemin de Damvillers à Gibercy.

Triglochin palustre L. Lieux humides dans la prairie de Gibercy. Fossé de la route de Damvillers à Etain, en face les villages de Crépion et Moirey.

Butomus umbellatus L. Noues au bord du chemin de Damvillers à Gibercy.

Allium ursinum L. Bois de Damvillers et de Lissey dans les parties humides.

Mayanthemum bifolium D C. Bois de Damvillers et de Dombras.

Phalangium ramosum Lam. Sur toutes les hauteurs environnant Damvillers, Etraye, Ecurey, etc.

Ornithogalum sulphureum. Bois de Damvillers. Les

jeunes pousses en sont récoltées sous le nom d'asperges de bois pour être mangées.

Luzula albida D C. Bois de Damvillers et de Dombras.

Tamus communis L. Haies et bois à Damvillers, Ecurey, etc.

Orchis. Un certain nombre croissent dans les prés ou dans les bois aux environs de Damvillers, mais je ne les ai jamais trouvés qu'en fruit (1), sauf *O. Conopsea* L. assez abondant sur les pelouses à Damvillers, Reville, Ecurey.

Typha angustifolia L. Fosses creusées pour l'extraction de l'argile près des tuileries de Damvillers et de La Bergerie.

Sparganium simplex Huds. Ruisseau et noues, le long du chemin de Damvillers à Gibercy.

Cyperus fuscus L. Mare formée par une source sur le versant méridional de la côte de Morimont.

Eriophorum angustifolium Roth. Prairie de Gibercy, Ville-devant-Chaumont.

Carex maxima Scop. Bois de Mureau, de Damvillers, de Lissey.

Carex flava L. Mares et fossés dans les prés entre Wavrille et Gibercy.

Carex remota L. Fossés longeant le bois de Mureau.

Alopecurus fulvus Sm. Mare desséchée à gauche de la route de Romagne à Mangiennes.

Holcus mollis L. Bois de Damvillers.

Catabrosa aquatica P B. Fossé au bord de la route de Damvillers à Ecurey.

Danthonia decumbens DC. Bois de Damvillers.

Elymus europæus L. Bois de Wavrille, Crépion.

---

(1) M. Pillot, retenu loin de Damvillers par ses fonctions, ne peut herboriser dans cette région qu'au premier printemps (vacances de Pâques) et à la fin de l'été (grandes vacances). De là forcément certaines lacunes dans son travail, telles que celle qu'il mentionne à propos des Orchidées, dont les côteaux d'entre Meuse et Tinte doivent recéler des représentants très intéressants.　　　　Ph. P.

Calamagrostis epigeïos Roth. Bois de Damvillers.

Polypodium vulgare L. Très rare. Quelques touffes seulement sur des saules près de Morimont.

Cystopteris fragilis. Rochers humides dans le bois d'Ecurey.

Asplenium trichomanes L. Même station.

Pteris aquilina L. Bois d'Etraye, Reville, Ecurey.

Aspidium filix-fœmina, *Polystichum filix-mas* et *P. spinulosum* sont les seules fougères un peu communes dans les environs de Damvillers, avec *Pteris aquilina* qui abonde dans les stations citées. Je n'ai jamais rencontré *Asplenium ruta-muraria* non plus que *Scolopendrium officinale*, qui a été seulement introduit dans quelques jardins à Damvillers.

Equisetum telmateja Ehrh. Bois d'Ecurey.

Bien que ne m'occupant dans cette notice que des plantes vasculaires, je rappellerai cependant la présence de *Sphagnum* dans quelques mares du bois de Damvillers. Cette plante forme une couche épaisse sur les bords de ces mares, mais sans jamais envahir le centre qui demeure d'ailleurs absolument stérile (1).

---

(1) Il s'agit probablement du *Sph. cymbifolium* Ehrh., la seule espèce qui ait été observée jusqu'à présent dans notre région, où elle est, d'ailleurs très rare, et ne se rencontre que sur l'oxfordien. *(Mémoires*, t. II, p. 72). J. CARD.

NOTES SUR QUELQUES PLANTES VÉNÉNEUSES

DE L'ARRONDISSEMENT DE MONTMÉDY

considérées principalement au point de vue vétérinaire.

Par M. J. COCU.

———

Dans une très intéressante brochure publiée en 1868, notre honorable président a présenté au public, sous une forme claire et concise, la nomenclature des plantes vénéneuses, que ses longues et patientes herborisations lui avaient fait rencontrer dans notre région, et en même temps que la nature des empoisonnements qu'elles déterminent, les moyens de les distinguer au milieu des autres simples leurs voisines.

Le travail de M. Pierrot est très exact au point de vue de la médecine humaine ; notre but est de le compléter en ce qui concerne la médecine vétérinaire, par la publication de ces quelques notes, dont nous avons emprunté les matériaux aux traités spéciaux, à des observations éparses dans nos journaux professionnels, et, en grande partie, à l'intéressant ouvrage de M. Cornevin : *Les plantes vénéneuses de la ferme*, dont la publication est récente.

Nous passerons sous silence la description et la détermination des espèces que nous signalerons, tous ceux qui pourront lire ces lignes ayant entre les mains une flore ou tout au moins les tables dichotomiques que notre savant collègue M. Breton publie dans ce Bulletin. D'ailleurs ceux qui, pour arriver à la détermination des plantes que nous signalons, trouveront ces moyens insuffisants, auront toujours la ressource de les récolter et d'apprendre à les connaître, en fréquentant, pendant la belle saison, les excursions de notre Société.

Nous ferons précéder d'un astérisque les espèces signalées dans l'ouvrage de M. Pierrot, auxquelles nous ajouterons quelques compléments, passant entièrement sous silence celles où il n'y a rien à modifier ou à compléter et renvoyant le lecteur à l'intéressante notice de M. Pierrot, dont ce modeste travail formera tout au plus un appendice.

RENONCULACÉES.

* *Clematis vitalba*. Ingérée par nos animaux, cette plante irrite fortement la muqueuse du tube digestif et cause des dyssenteries mortelles. Après absorption, son principe actif agit comme *diurétique chaud*, sans doute en irritant fortement les tubes urinifères.

. Des animaux rustiques comme l'âne et la chèvre, peuvent seuls brouter impunément ses jeunes pousses vernales.

* *Thalictrum flavum*. Dont les racines contiennent en assez grande abondance un principe actif agissant à la manière de celui de l'aconit, d'où l'indication de ne pas laisser paître les porcs dans les endroits où croît cette plante. Ces animaux, chez qui les facultés instinctives pourraient faire momentanément défaut s'exposeraient en déterrant et mangeant les racines du Pigamon, à trouver la mort par arrêt des contractions du cœur.

* *Anemone nemorosa*. Très dangereuse pour les animaux qui vont paître sous bois au printemps.

* *Anemone pulsatilla*. Accusée à tort de produire la cachexie aqueuse chez les moutons, car cette maladie est de nature parasitaire et tient toujours à la présence d'helminthes dans le foie ou la caillette. L'Anémone pulsatille, comme beaucoup d'autres renonculacées, est cependant narcotico-âcre à cause des substances irritantes qu'elle contient.

* *Anemone ranunculoïdes.* Son suc très vénéneux est utilisé par les habitants du Kamtschatka pour empoisonner leurs flèches.

* *Ranunculus flammula.* Comme l'Anémone pulsatille, et pour les mêmes raisons, a été accusée, mais à tort, de déterminer la cachexie aqueuse chez les moutons.

* *Ranunculus acris.* La Renoncule âcre, qui est très abondante dans nos prairies, est dangereuse quand elle est mangée en vert. J'ai déjà eu plusieurs fois l'occasion de constater des empoisonnements chez nos animaux domestiques qui ne pouvaient être rattachés qu'à cette cause.

Elle perd, paraît-il, ses propriétés nocives par la dessication, ce qui explique l'innocuité du foin qui en contient. En serait-il de même dans les fourrages ensilés ?

* *Ranunculus bulbosus.* Possède, comme son nom l'indique, un bulbe qui est doué de propriétés vénéneuses et a déjà causé l'empoisonnement de porcs qui, comme on sait, sont avides de racines.

Ficaria ranunculoïdes. Les principes toxiques n'apparaissent qu'assez tard dans cette plante, dont les jeunes pousses sont mangées en salade dans certains pays, tandis que la plante adulte a déjà été cause de l'empoisonnement de génisses.

* *Helleborus fœtidus.* Poison dangereux qui a déjà déterminé la mort de personnes à qui des charlatans en avaient fait prendre en infusion dans du cidre. Elle exerce d'abord une action locale très irritante sur l'intestin et cause de ce fait des superpurgations, voire même de véritables gastro-entérites. Après absorption du principe actif, elle exerce alors une action générale, se traduisant par des intermittences dans les battements du cœur et des mouvements convulsifs. Ces propriétés irritantes, très accusées dans son rhizome, sont cause de l'emploi de ce dernier comme trochisque dans la médecine du bœuf, où on lui préfère cependant *H. viridis* et *H. niger.*

* *Aconitum napellus.* Doué de propriétés vénéneuses très marquées, ses préparations pharmaceutiques sont des défervescents puissants. A dose toxique, elles causent de la

pâleur, de la dilatation de la pupille, de la gêne de la respiration et enfin la mort par arrêt de cette dernière fonction.

Le principe actif, l'aconitine, ainsi que l'alcoolature des racines sont très employées en médecine.

L'aconitine est un des plus violents poisons que l'on connaisse. Une dose infinitésimale en injection hypodermique foudroie un cheval.

Cette plante, très vénéneuse dans le midi, perd de ses propriétés, au fur et à mesure que l'on avance vers le nord, à tel point que dans la Norwège septentrionale et en Laponie, ses tiges sont utilisées comme comestibles.

De même, lorsque l'Aconit est cultivé depuis plusieurs années dans des jardins dont le sol diffère de celui où il croît spontanément, il voit ses propriétés vénéneuses s'amoindrir beaucoup, sans toutefois les perdre complètement.

C'est dans sa racine napiforme et dans ses graines que les principes toxiques s'accumulent le plus abondamment.

PAPAVÉRACÉES.

* *Chelidonium majus*. Est un eméto-cathartique très violent.

* *Papaver rheas*. Les tiges du Coquelicot mélangées en abondance dans la paille de blé comme cela s'est produit dans beaucoup d'endroits en 1888, ont causé des empoisonnements chez le cheval (Trastot, *in* recueil de médecine vétérinaire, année 1888). J'ai moi-même constaté un empoisonnement semblable à Baâlon la même année, sur deux chevaux à qui on avait donné des hautons de seigle qui contenaient en abondance des capsules de ce pavot qui sont douées d'une certaine richesse en opium. Les symptômes principaux que j'ai observés étaient de la tuméfaction des paupières, des coliques sourdes et persistantes, du coma et enfin une constipation opiniâtre.

CRUCIFÈRES

Sinapis arvensis. Plante connue vulgairement dans nos campagnes sous le nom de Séné jaune ; elle est très abondante dans certaines récoltes et devient dangereuse pour nos animaux domestiques au moment de la floraison et de la formation des graines. Son principe actif s'élimine par la muqueuse respiratoire qu'il irrite au point de causer une bronchorrhée intense, et quelquefois même, si l'usage en est prolongé, une broncho-pneumonie et la mort.

Raphanus raphanistrum. Connue de nos cultivateurs sous le nom de Séné blanc, cette plante possède des propriétés analogues à celles du *Sinapis arvensis.*

Sisymbrium alliaria. Ingérée par les vaches, elle communique à leur lait une odeur fortement alliacée qui le rend inutilisable.

VIOLARIÉES.

Viola odorata. Les racines et les fruits de la violette odorante possèdent des propriétés émétiques très accusées, et sont quelquefois employées à ce titre comme succédanés de l'ipéca par les habitants de la campagne.

Les infusions trop concentrées de racines de violette peuvent, surtout chez les enfants, occasionner des troubles nerveux cardiaques et pulmonaires, pouvant aller jusqu'à l'arrêt complet de ces organes.

Le dégré de toxicité de la plante est directement proportionnel au pouvoir odoriférant des fleurs.

ALSINÉES.

Arenaria serpyllifolia. Cause du ptyalisme ou sécrétion exagérée de salive chez les animaux, dans les aliments desquels il s'en trouve mélangé.

Son action nocive, peu dangereuse d'ailleurs, paraît se borner à cette élection sur les glandes salivaires.

SILÉNÉES.

Saponaria officinalis. La Saponaire contient un principe actif, la saponine, que l'on a pu isoler, et qui a déterminé des cas d'empoisonnements chez des personnes qui avaient pris une décotion de ses racines.

Agrostema githago. Encore appelée Nielle des blés, l'Agrostème produit des graines qui contiennent une farine vénéneuse pour l'homme et les animaux, et dont l'ingestion cause un ensemble de symptômes connus sous le nom de githagisme et se traduisant par de violentes irritations gastro-intestinales avec diarrhée et enterorrhagie. Par l'usage longtemps continué, il survient de l'émaciation générale et enfin la mort par épuisement.

Quand les farines sont bien blutées, les pellicules noires qui viennent de l'écorce ont disparu, et il faut alors, pour déceler la nielle dans la farine suspecte, recourir à l'examen microscopique. Les grains d'amidon de nielle sont environ 15 fois plus petits que les grains d'amidon de blé.

La couleur violacée que prennent certains pains, et qui a été attribuée à la présence de la nielle dans la farine de blé, me paraît plutôt être due à celle de semences de *Melampyrum arvense*.

Des industriels coupables n'hésitent pas à acheter les graines de nielle séparées du blé à l'aide de trieurs, pour les incorporer dans de l'avoine noire où elle est plus facilement dissimulée et dont elle augmente le poids spécifique à cause de sa plus grande densité.

L'autorité militaire devrait veiller à la répression de cette fraude, les avoines données en distribution à nos chevaux de troupe contenant assez souvent de la nielle alors qu'on ne l'y devrait jamais rencontrer, cette plante ne croissant généralement que dans les moissons hivernales (blés, seigles, etc.)

Ces graines servent cependant parait-il à l'engraissement des bœufs, soit que le principe actif ait été détruit par la cuisson préalable, ou par la macération au milieu des liquides très abondants du rumen, macération qui *étendrait* le principe actif, à la façon d'un acide dilué et le rendrait moins instant. Notons en outre que la muqueuse du rumen est cornée et peu sensible aux agents irritants.

HYPÉRICINÉES.

Hypericum perforatum. A causé des symptômes d'intoxication chez des chevaux qui avaient mangé du foin de luzerne dans lequel il s'en trouvait mélangé une assez grande proportion.

TÉRÉBINTHACÉES.

Ailanthus glandulosa. L'écorce et les feuilles possèdent des propriétés irritantes très marquées. Des jardiniers qui avaient élagué des Ailanthes ont eu la peau des mains et du visage couverte de véritables éruptions. Des canards se sont empoisonnés en broutant spontanément ses jeunes pousses, fait qui a été reproduit expérimentalement. Notons en passant que la chenille d'un *Bombyx* vit sur ses feuilles et s'en nourrit sans s'en trouver plus mal pour cela.

PAPILIONACÉES.

Lupinus luteus. Cette légumineuse qui, dans notre arrondissement n'est guère cultivée qu'à Breux à titre d'engrais vert, est, au contraire, très répandue dans certaines contrées de l'Allemagne où elle cause, chez les moutons, une affection très grave : la *lupinose*. Elle a même causé quelques empoisonnements chez des personnes. La lupinose se traduit par des lésions aiguës ou chroniques du foie, s'accompagnant d'ictère. Cette affection fit périr, en un seule année 14,000 moutons en Poméranie. Elle ne se montre pas si l'usage du Lupin est momentané ou intermittent.

Trifolium hybridum. Signalé comme toxique (?) chez les animaux par les vétérinaires belges que l'appellent « Coucou des Français ». Comme ce nom de coucou est donné en France, suivant les régions, à plusieurs légumineuses, il y a confusion et les auteurs ne sont pas nettement fixés sur l'espèce qui pourrait être dangereuse si son usage était prolongé.

Lathyrus aphaca. A été accusé de causer des accidents de paralysie analogues à ceux bien connus du *Lathyrisme* et dûs au *L. Cicer* ou Jarosse, cultivé dans les départements voisins.

* *Cytisus laburnum.* Toutes les parties, écorces, feuilles, fleurs, fruits, sont vénéneuses.

OMBELLIFÈRES.

Petroselinum sativum. A été signalé comme ayant causé des empoisonnements chez les oiseaux, mais cette assertion est à vérifier.

Heracleum sphondylium. Plante douée de propriétés très irritantes, à en juger par une vésication très longue à se guérir qui se produisit sur les mains et les bras d'ouvriers qui avaient été occupés à l'arracher, dans un endroit où elle était très abondante et alors que les feuilles étaient encore recouvertes de rosée. Les animaux qui en reçurent comme nourriture éprouvèrent une violente irritation gastro-intestinale.

Pastinaca sativa. Le Panais communique une odeur toute spéciale, particulièrement désagréable, au lait des vaches qui en ont ingéré.

LORANTHACÉES.

* *Viscum album.* Dans un cas relaté par Dixon, on trouve un exemple de la toxicité des fruits du Gui. Un enfant qui en avait mangé fut empoisonné après avoir présenté tous les symptômes de l'ivresse.

CRASSULACÉES.

Sedum acre. Utilisé, à cause de son action locale, pour faire disparaître les cors; il a été signalé comme très vénéneux par Orfila. Il exerce une action irritante prononcée sur la muqueuse de l'intestin ; et, après son absorption, une action toute spéciale sur les mouvements respiratoires pouvant entraîner la mort. Il pourrait être dangereux pour les oies et les canards.

CAPRIFOLIACÉES.

* *Sambucus ebulus.* Toutes ses parties sont purgatives, et les vins colorés avec ses baies participent de cette propriété.

Hedera helix. Les baies du Lierre qui parviennent à maturité en hiver peuvent tenter et empoisonner des enfants. Elles sont émétiques et purgatives en même temps qu'enivrantes.

COMPOSÉES.

Achillea ptarmica. Mélangée parfois en assez grande abondance au foin des prairies naturelles, l'Achillée sternutatoire, comme son nom l'indique, produit sur les animaux des effets sternutatoires qui doivent motiver sa destruction dans les prairies.

Artemisa absinthium. Ses alcoolatures employées très souvent en médecine comme médicament utérin, ont quelquefois occasionné des accidents graves.

APOCYNÉES.

* *Nerium oleander.* Des soldats qui, en Corse, avaient fait cuire des volailles embrochées avec des branches de Laurier rose, ont été empoisonnés. Les émanations même

de cette plante ont été accusées d'être dangereuses, mais probablement à tort, le principe vénéneux n'étant pas volatil.

PRIMULACÉES.

Anagallis arvensis. Cette plante, qui est trés vénéneuse, même après dessication, ne se trouve jamais en assez grande abondance dans les récoltes pour empoisonner le bétail comme cela a lieu dans les expériences de laboratoire. Elle a déjà causé la mort d'oiseaux à qui on en avait donné par mégarde, au lieu du Mouron des oiseaux, *Alsine media.*

SOLANÉES.

Solanum tuberosum. La pomme de terre une plante vénéneuse ! Qui l'eût cru ? Les fanes, les baies, les jeunes pousses, l'écorce des tubercules, — surtout quand, pendant la végétation, elle a verdi au contact de l'air, — sont toxiques, car elles contiennent une assez grande quantité de solanine. De nombreux cas d'empoisonnement se sont déjà produits chez des animaux qui avaient mangé des fanes et à qui l'on donnait des épluchures de pommes de terre, voire même des tubercules crus non épluchés.

Le principe toxique est détruit par la cuisson.

* *Solanum dulcamara.* Les baies prises spontanément par des volailles, les ont fait mourir. Le même fait a été produit expérimentalement chez le chien. Les ouvriers employés à la fabrication de l'extrait de Douce-amère, employé en médecine humaine, présentent quelquefois de véritables éruptions erythémateuses sur diverses parties du corps.

Solanum lycopersicum. Les Tomates ne doivent être mangées que bien mûres, car, avant la maturité complète, elles contiennent une certaine quantité de solanine qui, comme on sait est le principe actif de nombreuses plantes dangereuses de la famille.

* *Datura stramonium*. Ses graines, dont la saveur sucrée plait aux enfants, ont déjà été cause de nombreux accidents et déjà employées plusieurs fois dans un but criminel.

Les annales judiciaires ont enregistré le fait d'une association d'aubergistes qui en faisaient infuser dans le vin qu'ils versaient à leurs clients afin de les détrousser plus facilement quand ils étaient sous l'influence de la torpeur qui résultait de cette ingestion.

CONVOLVULACÉES.

Convolvulus sepium. Les porcs mangent volontiers ses racines traçantes qui contiennent une certaine quantité de convolvuline, principe doué de propriétés purgatives que l'on rencontre en assez grande abondance dans une espèce du même genre, la *Scammonée*, et qui, très mal dosé d'ailleurs, sert, paraît-il, de base aux pastilles purgatives Géraudel.

VERBASCÉES.

Verbascum thapsus. Les graines possèdent des propriétés narcotiques qui les ont fait employer pour engourdir le poisson qu'elles peuvent même tuer.

PERSONNÉES.

Gratiola officinalis. La Gratiole est employée dans la médecine populaire comme anthelmintique et purgative. A ce dernier titre, et à dose trop forte, elle a déjà causé des accidents de superpurgation. Mélangée au foin naturel, elle a causé des accidents analogues chez les animaux.

Scrophularia nodosa. Très fortement émétique et purgative.

Pedicularis palustris. Mélangée au foin et ingérée par les animaux, elle a été accusée d'avoir causé de l'amaigrissement, condition essentiellement favorable à la multiplication des poux.

D'autres prétendent au contraire qu'elle doit son nom à ce qu'elle a été employée avec succès pour détruire la vermine.

Melampyrum arvense. Sa farine mêlée en certaine proportion à celle du blé, communique au pain une couleur violette, et l'a fait accuser de causer, aux personnes qui le mangent, des accidents de vertige. Aussi, les blés qui en contiennent, sont-ils, en vertu d'une décision ministérielle, refusés pour les fournitures destinées à la troupe.

OROBANCHÉES.

Orobanche minor. L'Orobanche à petites fleurs que j'ai trouvé l'été dernier très abondant dans un champ de trèfle à Inor, a été accusé d'être la cause de coliques observées chez nos animaux solipèdes. Est-ce une simple coïncidence ? Le propriétaire du champ où je l'ai récolté si abondamment perd chaque année, depuis un certain temps, des chevaux qui succombent à des coliques au moment où il leur donne du trèfle en vert, quelque précaution qu'il prenne pour le donner avant qu'il n'ait été échauffé par la fermentation, ou pour éviter les surcharges et indigestions. Or, depuis plusieurs années, il récolte lui-même sa graine de trèfle, et depuis plusieurs années sans doute, il sème en même temps les graines d'*O. minor.*

LABIÉES.

Teucrium scordium. Communique une odeur alliacée très marquée au lait des vaches qui s'en sont nourries.

ARISTOLOCHIÉES.

Aristolochia clematitis. Certains cultivateurs des environs de Montmédy qui connaissent l'Aristoloche sous le nom de Sarrazine, la croient propre à empêcher la gangrène consécutive aux plaies. Ils emploient à cet effet ses feuilles écrasées. Si cette vertu était réelle, elle tiendrait à des propriétés antiseptiques de la plante.

On doit la proscrire absolument des fourrages qui la renferment, car elle a causé l'empoisonnement de chevaux au dépôt de remonte d'Arles. Elle communique aussi une odeur désagréable au lait des vaches.

POLYGONACÉES.

Rumex acetosella. La petite Oseille est un poison assez violent qui occasionne, chez le cheval, des contractions tétaniques et la mort. Elle préserverait, dit-on, les moutons de la cachexie aqueuse.

Polygonum convolvulus. Ses graines mélangées en trop grande abondance dans les avoines, peuvent occasionner, chez le cheval, des entérites graves et parfois même mortelles.

Polygonum fagopyrum. L'ingestion prolongée de la paille et des fleurs du sarrazin, détermine, sur les animaux et principalement le mouton, des phénomènes congestifs de la tête et des oreilles parfois dangereux. La tête devient énorme, comme dans l'anasarque ; en même temps il y a une hyperesthésie très accusée de la peau. Si l'usage des sommités fleuries n'est que momentané, ou si la quantité absorbée est peu abondante, il se produit simplement des symptômes d'ivresse. Des lièvres que des chasseurs avaient fait lever dans des champs de sarrazin en fleurs étaient complètement ivres.

JUGLANDÉES.

Juglans regia. Il faut se défier des feuilles de noyer qui sont employées quelquefois comme litière, car si des animaux ruminants viennent à en manger, cela suffit pour arrêter la sécrétion lactée, en raison de la grande quantité de tannin qu'elles contiennent.

Dans le midi, les tourteaux de noix connus sous le nom de « nougats » sont quelquefois donnés à titre d'aliments aux bestiaux à l'engrais. Ils rancissent très vite et prennent une odeur désagréable qui se communique à la chair des animaux qui en sont nourris, et la rend impropre à l'alimentation. On ne doit donc les employer que frais et aussitôt l'expression de l'huile.

CASTANÉACÉES.

Fagus sylvatica. Le péricarpe des graines contient un principe toxique analogue à celui des *Lolium temulentum* et *L. linicola.* Les tourteaux de faînes non décortiquées occasionnent l'avortement chez nos grandes femelles domestiques, et parfois même la mort.

CUPULIFÈRES.

Quercus robur, et les arbres du même genre sont dangereux pour les animaux que l'on mène paître sous bois, au printemps, et qui recherchent avec avidité leurs jeunes pousses. Il en résulte chez eux des symptômes de gastro-entérite d'abord, puis de néphrite et de cystite, avec hématurie et hémoglobinurie à un degré plus ou moins prononcé.

Les sciures de chêne dont l'emploi, comme litière, a été quelquefois conseillé occasionnent à la longue des mammites chez les vaches laitières. Elles forment d'ailleurs, un très mauvais fumier qu'il est nécessaire de corriger par l'emploi des phosphates.

BUXACÉES.

Buxus sempervirens. Le Buis est très vénéneux dans toutes ses parties. C'est un éméto-cathartique qui, à haute dose, agit comme drastique. De nombreux cas d'empoisonnement ont été signalés dans l'espèce humaine, chez des personnes qui avaient fait usage de bière dans laquelle du buis, à cause de son amertume, avait été employé comme succédané du houblon, ou encore chez d'autres qui avaient fait usage de séné falsifié avec les feuilles de cet arbrisseau.

Des animaux à qui on avait jeté des brindilles provenant de la tonte des bordures de jardin ont également succombé.

* *Mercurialis annua* et *M. perennis.* Les Mercuriales jouissent de propriétés diurétiques et laxatives dues à un principe actif qui se détruit par la cuisson, ce qui rend la chair des animaux empoisonnés par ces plantes complètement inoffensive quand elle a été cuite.

CONIFÈRES.

* *Taxus baccata.* L'opinion de Strabon qui raconte que les Gaulois se servaient de l'If pour empoisonner leurs armes est exagérée. Contrairement à l'opinion avancée par certains auteurs, l'écorce est vénéneuse ; et, si les jeunes feuilles ne le sont pas au printemps, elles le deviennent à l'automne quand elles ont pris une teinte vert-sombre très accusée.

Un fait observé récemment parait démontrer que les émanations de l'if peuvent être dangereuses pour les personnes qui les respirent constamment. Il s'agit de trois jeunes prêtres ayant habité successivement la même chambre d'un presbytère, dont la fenêtre donnait sur des massifs d'if, et qui, tous trois auraient succombé à un empoisonnement lent reconnaissant la même cause : les émanations des ifs placés devant leur fenêtre.

IRIDÉES.

Iris pseudo-acorus. Déjà signalé par Linné comme étant dangereux pour le bétail. Les fleurs et les rhizomes sont émétiques et drastiques. Ses propriétés nocives sont même plus marquées que celles de * l'*Iris germanica*.

AMARYLLIDACÉES.

Narcissus poeticus. Cette plante est toujours refusée par les animaux qui sont, en cela, guidés par leur instinct, ses bulbes étant doués de propriétés émétiques.

ASPARAGÉES.

* *Convallaria majalis*. Le Muguet de mai, cette jolie plante qui attire de nombreux promeneurs dans les bois où elle abonde, est très toxique. L'extrait de *Convallaria* administré à la dose de quatre gouttes, en injection intraveineuse tue un chien en dix minutes. Il ralentit d'abord les mouvements du cœur et cause des intermittences ; il ralentit également et peut même arrêter les mouvements respiratoires. Après son ingestion, il se produit, chez l'homme, une diurèse abondante, propriété qui l'a fait employer lorsqu'il s'est agi d'amener la résorption de certains exsudats. Ces propriétés qui montrent combien son absorption peut être dangereuse indiquent que l'on doit s'abstenir de conduire paître les animaux dans les bois où il se trouve en quantité abondante.

* *Paris quadrifolia*. La Parisette possède des baies qui agissent comme cardiaques et les racines comme vomitives.

LILIACÉES.

Fritillaria imperialis. De même que les Tulipes, possède des bulbes vénéneux que l'on doit éviter de laisser manger par les porcs.

Les plantes de cette famille qui appartiennent au genre *Allium* donnent au lait des vaches qui en ont mangé une teinte jaunâtre, et une saveur âcre et cuisante qui persiste longtemps dans l'arrière-bouche. De plus, la chair des animaux qui vont paître sous bois et mangent volontiers les feuilles de l'*Allium ursinum*, prend une odeur alliacée.

DIOSCORÉES.

* *Tamus communis.* Cette plante possède une racine douée de propriétés irritantes et drastiques. Dans la médecine populaire on la rape et on l'applique sur les contusions. C'est évidemment de là que vient son nom d'*Herbe aux femmes battues.* La pulpe, infusée dans du vinaigre, est employée, dans le Dauphiné, comme emménagogue ; les baies sont narcotico-âcres.

COLCHICACÉES.

* *Colchicum autumnale.* Conserve toutes ses propriétés par la dessication et se montre surtout vénéneuse en mai et en octobre.

GRAMINÉES.

Lolium linicola. Possède des propriétés analogues à celles de l'Ivraie enivrante, *L. temulentum.* Ses graines mélangées aux semences de lin, ont causé, chez les animaux, des empoisonnements attribués à tort à ces dernières par les vétérinaires belges.

Triticum secalinum et *Hordeum sativum.* Les drèches

de distillerie ou de brasserie peuvent s'altérer et subir des modifications encore indéterminées, peut-être des fermentations secondaires et devenir toxiques. Les animaux soumis à cette alimentation peuvent être frappés de paralysies plus ou moins graves qui, dans certains cas simulent des épidémies.

Zea maïs. Des cas d'empoisonnement ont été relatés dans le Piémont et la Lombardie sur des animaux à qui on avait donné des fleurs mâles.

Sorghum saccharatum. Le Sorgho est vénéneux quand il a végété dans des terrains pauvres et est resté chétif.

EQUISÉTACÉES.

L'*Equisetum arvense*, vulgairement connu dans nos campagnes sous le nom de Prêle ou Queue de cheval, bien qu'il ne soit indiqué à ma connaissance, par aucun auteur comme ayant déterminé des accidents chez nos animaux domestiques, m'a paru dans plusieurs cas déjà, être la cause de coliques sourdes chez les chevaux qni mangeaient du trèfle vert dans lequel il s'en trouvait de notables proportions. Cette nocivité serait due probablement, à mon avis, aux particules siliceuses que les prêles contiennent en abondance et qui exercerait une irritation toute mécanique de la muqueuse intestinale qu'elles rayeraient pour ainsi dire.

www.ingramcontent.com/pod-product-compliance
Ingram Content Group UK Ltd.
Pitfield, Milton Keynes, MK11 3LW, UK
UKHW022354120726
13694UKWH00005B/1866